Inhalt

Die Bedeutung von Ayurveda 2

Warum Ayurveda? 2

Warum ist Ayurveda so effektiv? 3

Adipositas nach Ayurveda 4

Der Teufelskreis 5

Merkmale einer übergewichtigen Person 8

Symptome der Fettleibigkeit 9

Ayurvedische Ernährung für alle 10

Gesunde Ernährung 10

Reinungskuren - Panchkarma 13

Meine persönlichen Erfahrungen mit Panchakarma sind 15

Praktische Tipps zur Abnehmen mit Ayurveda-Methoden 16

Kräuter zur Gewichtsreduktion 19

Sonnengruβ 20

Yoga 23

Die Bedeutung von Ayurveda

Ayurveda[1] ist die über 3000 Jahre alte Heilkunde aus Indien. Der Begriff stammt aus dem Sanskrit und setzt sich aus zwei Wörten, Ayur bedeutet „Leben" und Veda bedeutet „Wissen"; Ayurveda bedeutet „das Wissen oder die Wissenschaft vom Leben". Der Zweck dieser Wissenschaft ist die Gesundheit des Gesunden zu erhalten und die Kranken zu behandeln. Dadurch ist Ayurveda nicht nur eine Heilkunst, sondern auch eine ganzheitliche Gesundheitslehre.

Ayurveda ist eine Zusammenfügung von Erfahrungswerten und Philosophie und konzentriert sich auf wichtigste physische, geistige, und seelische Aspekte für die menschliche Gesundheit und Krankheit.

Warum Ayurveda?

Ayurveda und ayurvedische Heilmittel genießen einen sehr guten Ruf auf der ganzen Welt. Ayurveda ist nicht nur ein nützliches Medizinsystem, sondern vielmehr eine Lebensform.

Warum ist Ayurveda so beliebt? Natürlich, weil Ayurveda sehr effektive ist! Warum ist Ayurveda so effektiv? Hier erläutern wir dies kurz.

---

1 Ayurveda (Āyurveda) – das Wissen oder die Wissenschaft vom Leben, eine alte Heilkunde, eine Alternative Medizin

Warum ist Ayurveda so effektiv?

Die Gesundheit der Gesunden zu erhalten, die Krankheit vorzubeugen und die Krankheit des Patienten zu heilen, sind die Ziele der ayurvedischen Heilmethode.

Die ayurvedische Heilmethode berücksichtigt nicht nur die Symptome der Krankheiten, sondern das Individuum und sein Verhalten als Ganzes. Es wird viel Wert darauf gelegt, die Ursachen der Krankheit aufzuklären, die Unterschiede in den Doshas[2] aufzuschlüsseln und Körper und Geist zu stärken.

Das Ayurveda Medizinsystem betont eher die Vorbeugung von Krankheiten als die Heilung. Es betont, Dincharya[3] und Ritucharya[4] (Routinen des Tages und der Jahreszeit) zu folgen, um heil und gesund zu bleiben.

Die meisten ayurvedischen Medikamente stammen aus natürlichen Ressourcen. Die Kräuter- und Herbe-Mineral Präparate sind sicherer in der Anwendung, haben weniger Nebenwirkungen und sind dennoch sehr wirksam.

Um fit zu bleiben, die Immunkapazität zu erhöhen und die körperliche und geistige Fähigkeit zu stärken, muss man täglich der ayurvedischen Heilkunst folgen. Dafür gibt es viele praktische Tipps, die im nächsten Teil erläutert werden.

---

[2] Das Dosha (doSa) – Störung, Schwäche, Defekt, Problem, Fehler
[3] Dincharya - Routinen des Tages
[4] Ritucharya Routinen der Jahreszeit

Adipositas nach Ayurveda

Im Ayurveda wird Fettleibigkeit als „Medoroga"[5] betrachtet. Medoroga ist eine Störung der Meda Dhatus[6], die Fettgewebe und Fettstoffwechsel umfasst. Laut Ayurveda beginnt Adipositas mit einem Ungleichgewicht von Doshas (Vata[7], Pita[8] und Kapha[9]), einem Ungleichgewicht von Agni[10] (Verdauungsfeuer), einem Ungleichgewicht der Malas[11] (Abfallprodukte) oder einem Ungleichgewicht von Shrotas[12] (Mikrozirkulationskanäle). Diese Ansammlung von Ungleichgewichten stört dann die Struktur von Geweben oder Dhatus und führt zu einem Gewebeungleichgewicht, das wir als Übergewicht erfahren.

Aus der ayurvedischen Perspektive liegt die Hauptursache von Ungleichgewicht im Gewebe, im Lebensstil und im Ernährungsverhalten. Ayurveda betrachtet Ungleichgewicht und. Fettleibigkeit als etwas, das korrigiert werden sollte, bevor es zu anderen Gesundheitsproblemen führen kann.

Das ayurvedisches Wort für Verdauung und Stoffwechsel ist Agni. Agni bedeutet, wenn es frei übersetzt wird, Verdauungsfeuer. Agni hat bemerkenswerte transformative Qualitäten. Alle Nahrungsmittel, die wir essen, müssen in das umgewandelt werden, was dem Körper nützlich ist (Nährstoffe). Was nicht benötigt wird, wird als Abfall aus dem Körper weggeworfen (Abfall). Die Nährstoffe, oder die „verstoffwechselten" Produkte unseres Agni, werden verwendet, um das Gewebe des Körpers (Dhatus) zu schaffen.

---

[5] Medoroga – übergewichtig sein, wegen eine Störung der Meda Dhatus
[6] Dhatu (Dhātu) – eine der sieben Elemente, Grundstoff
[7] Vata – Luft, Wind, verantwortlich für Bewegungsabläufe in Körper
[8] Pitta – Galle, Feuer, für alle biochemischen Aktivitäten verantwortlich
[9] Kapha - besteht aus den Elementen Wasser und Erde, Steht für Stabilität
[10] Agni - Verdauungsfeuer
[11] Mala (mālā) - Abfallprodukte
[12] Shrotas (srotas) - Mikrozirkulationskanäle

Der Teufelskreis

Es gibt sieben Dhatus, und sie werden in einer Reihenfolge erzeugt. Die Schaffung von Dhatus ist ein fortwährend komplexer Prozess. Das Schlüsselwort ist sequenziell. Wenn es zu irgendeinem Zeitpunkt ein Ungleichgewicht gibt, stört dies die gesamte Sequenz der Gewebebildung. Die Shrotas oder Kanäle spielen eine große Rolle, weil sie die Informationen enthalten, die notwendig sind, um das Gewebe Schritt für Schritt richtig zu formen. Falls in den Shrotas Blockaden durch Giftstoffe (ama) auftreten, beginnt ein Ungleichgewicht. Laut Ayurveda, um Balance und Gesundheit zu erhalten, sind starkes Agni und klare Shrotas unerlässlich.

Aus ayurvedischer Sicht ist die Ursache der Gewichtszunahme zyklisch. Es beginnt mit der Auswahl von Essen, der Ernährung und dem Lebensstil, die das Ungleichgewicht verursachen, die das Verdauungsfeuer schwächen, was wiederum die Gifte erhöht, die Kommunikationskanäle blockiert und dadurch die Bildung von Gewebe stört. Die schlecht ausgebildeten Gewebeschichten erhöhen Meda Dhatu und ein Ungleichgewicht in Kapha Dosha. Dies wiederum erhöht die Ansammlung von Toxinen (Ama[13]), was zu einem Ungleichgewicht in Meda Dhatu führt.

Die Sammlung von Ama in Shrotas verursacht ein Ungleichgewicht in der natürlich fließenden Vata-Energie. Eingeschränkte oder unausgeglichene Vata-Energie führt dazu, dass Agni - das Verdauungsfeuer - zunimmt, was zu einem Anstieg von Appetit und Durst führt. Dies führt wiederum zu einem Anstieg von Kapha Dosha und Meda Dhatu und der gesamte Zyklus beginnt von Neuem.

Um den Teufelskreis zu unterbrechen, bestimmt der ayurvedische Experte (Vaidya[14]) die einzigartige Natur des Individuums (Prakriti[15]) und die Natur des Ungleichgewichts

---

[13] Ama (Amā) – Toxine, unverdautes Essen
[14] Vaidya (VaidyA) – Der Arzt, der ayurvedische Experte
[15] Prakriti - die einzigartige Natur des Individuums

(Vikriti[16]). Die Essenz der Empfehlung bezieht sich im Allgemeinen auf einige Kernthemen: Stärkung der Verdauung (Balance Agni), Abbau von Ama, Verbesserung der Ernährungsgewohnheiten und Anpassung unangemessener Tagesabläufe und Stressabbau.

Vata:

Ein ausgewogener Vata ist verantwortlich für eine kreative, künstlerische, sensibele, spirituelle und lustige Persönlichkeit. Wenn es nicht im Gleichgewicht ist, führt Vata zu einer nervösen, ängstlichen und unruhigen Persönlichkeit. Stressige Arbeit oder komplizierte Beziehung kann zu Schlafmangel oder Sorgen, Angst, Müdigkeit und Depressionen führen. Vata ist mit Luft- und Ätherelementen verbunden, die eine instabile Stimmung und einen unruhigen Appetit verursachen. Personen mit Vata Dosha werden zu „ultimativen Weidetieren", vor allem wenn es an Routine und Ordnung mangelt, um eine Mahlzeit zu planen. Zucker zu essen beruhigt die Nerven und auch das Essen gibt Vata ein Gefühl der Sicherheit.

Pitta:

Die Leute mit Pitta sind ehrgeizig und verfolgen ständig das nächste Ziel. Sie sind intelligent und mit messerscharfem Fokus ausgestattet. Hunger ist in Pitta sehr intensiv. Aber Pitas vergessen oft zu essen und können damit nicht aufhören, was sie tun, um etwas Gesundes zu essen. Sie werden in ihrer Aufgabe absorbiert, was auch immer sie tun. Wenn es an der Zeit ist, isst Pitta zu viel, weil das Verlangen sofort mit reichlich Zucker, Kaffee und rotem Fleisch befriedigt wird. Sie werden süchtig nach solchen Lebensmitteln.

Kapha:

Kapha bewegt sich in einem langsamen, methodischen Raum durch das Leben. Leute

---

[16] Vikriti - die Natur des Ungleichgewichts

mit Kapha Dosha sind ruhig, gelassen, liebevoll und zufrieden. Kapha ist mit dem Erd- und Wasserelementen verbunden. Wenn es nicht im Gleichgewicht ist, ist dies das häufigste Dosha, das Fettleibigkeit entwickelt. Kennzeichen sind: langsamen Stoffwechsel, leichte Gewichtszunahme, anhaltenden Appetit (Esssucht), Hypothyreose (Unterfunktion der Schilddrüse) oder andere hormonelle Zustände, schwache Bauchspeicheldrüse und Nieren, niedriger Puls und Energiemangel, überschüssiger Schleim, Fettablagerungen. Gutartige Tumore können sich aus diesem Ungleichgewicht entwickeln.

Merkmale einer übergewichtigen Person

Laut Ayurveda haben die übergewichtigen Personen folgende Anzeichen

Hüftspeck
Bauchspeck
Hängebrüste
„fleischige Wangen" oder ein dickes Gesicht

Fett wird im Fettgewebe in Form von „Kügelchen" gesammelt. Der Zustand, wenn diese Kügelchen, in die Zellen, besonders in die Muskelzellen, gelangen, ist schädlich.

Viele Menschen genießen eine reichhaltige Ernährung und bleiben schlank, während andere selbst bei wenigen Mahlzeiten an Gewicht zunehmen. Laut Ayurveda sind nur Menschen mit bestimmten Dosha Bedingungen für Fettleibigkeit anfällig.

1. Menschen mit Vata-Dosha werden sehr fettleibig und es gibt deutliche Schwankungen im Körpergewicht. Diese Leute sind nervös und ängstlich. Um diese Frustrationen zu mildern, essen sie mehr und werden sehr fettleibig.

2. Leute mit Pitta Dosha sind am wenigsten anfällig für Fettleibigkeit aufgrund der guten Menge von Agni, Verdauungsfeuer. Der Stoffwechsel dieser Personen ist sehr schnell.

3. Leute mit Kapha Dosha haben hohe Chancen, fettleibig zu werden, jedoch werden sie im Allgemeinen nicht so dick wie die Leute mit Vata-Dosha. Dies geschieht aufgrund einer sehr langsamen Stoffwechselrate und einer langsamen Verdauung der aufgenommenen Nahrung. Menschen mit Kapha-Dosha neigen dazu, wenig Flüssigkeit auszuscheiden, was sich im Körper einlagert.

Symptome der Fettleibigkeit

Die häufigsten Symptome sind:

- Bauchfett
- Die Person wird sehr schnell müde
- Die Person atmet schwer beim Sprechen
- Der Herzschlag ist schnell

Adipositas kann zu vielen Komplikationen führen, wie Stoffwechselstörungen, Nierenfunktionsstörungen, Durchblutungsstörungen. oder Depressionen und andere psychische Erkrankungen.

Ayurvedische Ernährung für alle

Das ayurvedische Gesundheitssystem umfasst gesunde Ernährungslehre, wichtige Körperübung und spezielle Reinigungskuren.

Gesunde Ernährung

Laut Ayurveda spielt unsere Ernährung eine wichtigste Rolle in unserer Gesundheit. Zweifellos brauchen wir täglich eine gesunde, qualitative hochwertige Nahrung. Es ist auch wichtig, individuell jeden Menschen nach Alter, Lebenssituation und Konstitution zu betrachten. Die Ernährung wird also sehr genau an die Doshas angepasst. So sollte ein "Vata"-Typ blähende Speisen wie Kohl oder gereiften Käse meiden. "Pitta"-Menschen wird empfohlen, weniger scharf, sauer und salzig zu essen. "Kapha"-Typen sollten herbe, scharfe und leichte Kost mit viel Obst und Gemüse wählen.

Die folgenden allgemeinen Grundsätze sind, unabhängig von der jeweiligen Konstitution, wichtig für gesunde Ernährung:

1. Unabhängig vom vorherrschenden Dosha sollte jede ayurvedische Mahlzeit die **sechs Geschmacksrichtungen süß, sauer, salzig, herb** (zusammenziehend), bitter und scharf enthalten.

2. Man soll auf das „**echte Hungergefühl**" achten und möglichst nur zu dieser Zeit essen, wenn man hungrig ist. In dieser Zeit ist Agni, das Verdauungsfeuer, aktiv und der Körper ist bereit zur Nahrungsaufnahme. Auf Zwischenmahlzeiten soll man komplett

verzichtet. **Zwischen jeder Mahlzeit soll es mindestens 3 bis 4 Stunden Pause** geben. Die letzte Mahlzeit sollte vor 18 Uhr eingenommen werden.

3. Essen Sie in einer **ruhigen, entspannenden Atmosphäre**. Während des Essens sollten Sie nicht lesen, arbeiten oder fernsehen. Genießen Sie das Essen, den Geschmack und den Geruch.

4. Man soll ausreichend, nicht zu viel, nicht zu wenig Wasser trinken, damit das Agni nicht gelöscht wird. **Eine halbe Stunde vor und nach dem Essen soll man kein Wasser trinken,** sonst werden die Verdauungssäfte verdünnt. Flüssigkeiten wie Wasser, Saft oder Lassi[17] können während des Essens in kleinen Schlucken getrunken werden. Heiße Getränke sind vorzuziehen. **Eiskalte Getränke soll man vermeiden.**

5. Mittagessen, Frühstück und Abendessen sind normalerweise die **drei Mahlzeiten**. Die größte Mahlzeit des Tages sollte das Mittagessen sein. Die Verdauungskraft nimmt im Laufe des Vormittags zu. Es ist **nicht empfehlenswert abends einen großen Salatteller zu essen.** Es liegt nachts im Magen und gärt vor sich hin. Lieber abends eine leichte Gemüsesuppe, etwas Getreide, wenig (pflanzliches) Eiweiß. Fleisch, Fisch sind als tierisches Eiweiß schwer verdaulich – das soll lieber zum Mittagessen gegessen werden. Man soll abends schwere Nahrungsmittel wie Fleisch, Wurst, Fisch, Joghurt, Käse, Buttermilch, Quark oder ähnlich Eiweißreiches vermeiden.

6. Das Essen sollte **frisch zubereitet, wohlschmeckend, bekömmlich und warm** sein. Vermeiden Sie aufgewärmte oder abgestandene Speisen. Der größte Teil der Nahrung sollte gekocht sein, da der Körper gekochte Nahrung leichter aufnehmen kann. Rohkost sollte Beilage (Salat) sein.

7. Nahrungsmittel sollen richtig kombiniert werden. Vor allem gilt es, keine tierischen Eiweiße (Fleisch, Fisch, Eier oder Milch) miteinander zu kombinieren, da dieses

---

[17] Lassi - ein süßes, herzhaftes indisches Getränk aus Joghurt oder Buttermilch mit Wasser.

unweigerlich zu Stoffwechselschlacken führt. Milch wird im Ayurveda als ein eigenständiges Nahrungsmittel betrachtet, das weder mit Salzigen noch Saurem, Blattgemüse und vor allem nicht mit frischen Früchten zusammen verzehrt werden soll - adé geliebtes Müsli mit Obst und Joghurt. In **Kombination mit Milch eignen sich in ayurvedischer Hinsicht nur Hülsenfrüchte wie Mungbohnen, Kichererbsen und Linsen.** Obst ist generell alleine zu verspeisen, da es in Kombinationen unweigerlich zu Gärungsprozessen im Verdauungstrakt führt. Getreide, Teigwaren, Kartoffeln und Fette gehören zu den süßen Nahrungsmitteln, die am besten mit Gemüse und Salat gereicht werden. Eine Ausnahme bildet Reis, der als leichtes Lebensmittel zu allem passt.

8. Benutzen Sie **Gewürze**, denn Gewürze machen das Essen nicht nur schmackhaft, sondern unterstützen oft auch den Verdauungsvorgang. Churnas[18], Medikamente gegen Ungleichgewicht von Vata, Pitta oder Kapha sind hierfür besonders empfehlenswert.

---

[18] Churna (ChurnA) - Mischung aus pulverisierten Kräutern und / oder Mineralien, das in der ayurvedischen Medizin verwendet wird

Reinungskuren - Panchkarma[19]

Die Panchakarma-Behandlung ist als das wertvollste Geschenk der Ayurveda für die Menschheit bekannt. Panchkarma ist ein Wellness- oder Power-Entgiftungsprogramm mit spezieller Ernährung, unterschiedlicher Massagen mit Kräuterölen und Sauna. Es hält den ganzen Körper fit und gesund Es beseitigt Doshas und Malas aus dem Körper und reinigt die Haut. Die Panchakarma-Behandlung ist eine der Behandlungen von Fettleibigkeit im Ayurveda. Es ist im Grunde ein intensiver Entgiftungsprozess.

Wie der Name sagt, ist Panchkarma eine Kombination aus fünf verschiedenen Prozessen, die nacheinander ausgeführt werden. Sie sind-

- Vamana (emetische Brechtherapie)
- Virecana (Abführmittel)
- Nasya (Inhalationstherapie oder Errhine)
- Anuvasana basti, Niruha basti (Einlauf)

Diese Prozesse eliminieren überschüssiges Kapha, Pitta und Vata und bringen „Zärtlichkeit" in den Körper. Vor- und Nachkarmas wie Swedan, Gandush, Anjan, Dhoompan, Karnapuran, Padabhyang, Mardan, Lepa, Kuti Swed[20] usw. werden nach Bedarf ausgeführt.

Vorteile von Panchakarma

- Verbessertes Verdauungssystem
- Ausgeglichener Stoffwechsel
- Beseitigung von krankheitsverursachenden Faktoren

---

[19] Panchkarma - ayurvedischer Prozess mit 5 Behandlungen zur Entgiftung und Entschlackung des Körpers
[20] Swedan, Gandush, Anjan, Dhoompan, Karnapuran, Padabhyang, Mardan, Lepa, Kuti Swed – Verschiedene Behandlungen, die im Verfahren von Panchkarma gemacht werden

- Verbesserung der 5 Sinne
- Körpergifte werden ausgespült
- Wiederherstellung der Gesundheit, und
- Wiederherstellung eines klaren Teints

Es ist ratsam, Panchkarma unter fachlicher oder ärztlicher Anleitung zu machen.

Meine persönlichen Erfahrungen mit Panchakarma sind

- 10 kg Gewichtsverlust
- Asthma verschwunden
- Nebenhöhlenentzündung verschwunden
- höherer Energielevel
- allgemeines Wohlbefinden viel besser
- Hautirritationen verschwunden
- weniger bis gar nicht mehr krank im Winter

Praktische Tipps zur Abnehmen mit Ayurveda-Methoden

1. Als erstes am Morgen **nach dem Aufstehen trinken Sie warmes Wasser mit Zitrone**. Dies hilft, die durch unverdaute Nahrung entwickelten Schlacken zu reduzieren.

2. Körperliche **Bewegung** wie zügiges Gehen, Joggen für mindestens 30 Minuten bis zu einer Stunde werden empfohlen, damit man schwitzt. Schwitzen oder "Svedana" ist eine gute Möglichkeit, Giftstoffe zu entfernen, die Durchblutung zu erhöhen und den Stoffwechsel anzukurbeln. Sauna 3 x pro Woche oder wenn möglich jeden Tag ist ebenfalls zu empfehlen.

3. Den Übungen sollten mindestens 15 Minuten **Yoga und Pranayama (Atemübungen)** folgen. Yoga ist ein unglaublich kraftvolles Übungsprogramm, die dem ganzen Wesen - Körper, Geist und Seele - zugutekommen. Es gleicht auch den Geist und die Emotionen aus, beruhigt das Nervensystem und aktiviert Prana, die essentielle Lebenskraft, in jedem von uns.

4. Der Sonnengruß ist auch eine sehr gute Form der Übung. Es ist wichtig, mit dem Atem zu arbeiten und Präsenz in Geist und Körper zu kultivieren, während Sie Yoga praktizieren und Asanas[21] üben.

5. Nach den Übungen, Surya Namaskar[22], Yoga[23] und Pranayam[24] gönnen Sie sich am Morgen 10 Minuten Ruhe und Entspannungszeit. Dies hilft Stress abzubauen, eine der Hauptursachen für Gewichtszunahme. Es versetzt uns auch in eine bewusstere und klarere Geisteshaltung, die es uns ermöglicht, im Laufe des Tages bessere Entscheidungen zu treffen.

---

[21] Asana - Yoga-Haltungen oder Yoga-Positionen
[22] Surya Namaskar – Sonnengrüße, bestehen aus 12 Asanas
[23] Yoga - eine Gruppe von körperlichen, geistigen und spirituellen Praktiken, Methoden, Übungen oder Disziplinen
[24] Pranayam - bewusstes atemen: die Lebenskraft, die den Körper sowohl energetisiert als auch entspannt

6. Essen Sie drei Mahlzeiten am Tag, ohne Snacks. Frühstücken Sie zwischen 7:30 und 9:00 Uhr mittags. Mittagessen, Ihre größte Mahlzeit, soll zwischen 11:00 Uhr und 14:00 Uhr sein. Essen Sie, Ihre kleinste Mahlzeit d.h. das Abendessen, zwischen 17:30 Uhr und 20:00 Uhr, wenn Ihre Verdauung am schwächsten ist. Setzen Sie sich nicht direkt nach dem Essen hin. Bewegen Sie sich nach jeder Mahlzeit ein wenig, ein kleiner Spaziergang für 5 bis 10 Minuten ist genug.

7. Trinken Sie ein Löffel Ingwer Saft oder kauen Sie ein Stück Ingwer vor den Mahlzeiten. Dies hilft bei der Verdauung.

8. Verwenden Sie Gewürze wie Kurkuma, schwarzer Pfeffer, Trikatu, Kreuzkümmel, Bockshornklee, braunen Senf und Zimt während des Kochens. Diese Gewürze helfen, Kapha-Dosha zu reduzieren.

9. Essen Sie eine kapha dosha beruhigende Diät. Zunehmendes Kapha führt zu Übergewicht, macht lethargisch und verlangsamt den Stoffwechsel, also, um dies zu vermeiden, halten Sie Ihre Kapha „ruhig".

10. Die richtige Ernährung ist eine Kombination von leichtem und frisch zubereitetem Essen, das minimal gewürzt und warm serviert wird. Wählen Sie viel frisches Obst, Gemüse und Hülsenfrüchte, minimieren Sie Süßigkeiten und vermeiden Sie Alkohol. Reduzieren Sie Ihren Konsum von Käse, Nudeln, Brot, frittierten Lebensmitteln und rotem Fleisch. Es ist auch sehr wichtig, nicht zu viel zu essen und Ihre ganze Aufmerksamkeit darauf zu richten, was und wie Sie essen. Wählen Sie eine entspannende und ruhige Umgebung für Ihre Mahlzeiten um nicht zu viel essen. Man soll nicht satt sein. Der freie Platz im Magen hilft bei der richtigen Verdauung.

11. Gehen Sie mit dem Sonnenuntergang ins Bett und stehen Sie mit dem Sonnenaufgang auf. Die Bildschirme (Computer, TV und Mobile), die wir spät in der Nacht anstarren, sorgen für Stimulation im Gehirn, die uns wach hält, wenn eigentlich unser Körper natürlich langsamer werden möchte. Zwei Stunden vor dem Schlafengehen soll man die Anwendung von solchen Geräten (Computer,

TV und Mobile) im Grenzen halten. Gehen Sie vor 22:00 Uhr ins Bett. Wenn Sie pro Nacht sieben bis neun Stunden Schlaf haben, können Sie den Körper entgiften und für den nächsten Tag neu einstellen. Cortisol (ein Stresshormon, das zu einer Gewichtszunahme führt) reduziert sich bei ausreichendem Schlaf.

Kräuter zur Gewichtsreduktion

Die folgenden Kräuter unterstützen ein robustes Verdauungssystem und eine angemessene metabolische Funktion insgesamt.

Triphala ist eine traditionelle ayurvedische Formel, die aus **drei Früchten besteht, die für Vata, Pitta und Kapha ausbalanciert** sind. Es wird für seine einzigartige Fähigkeit verehrt, **den Verdauungstrakt sanft zu reinigen und zu entgiften, während es das Gewebe auffüllt, pflegt und verjüngt.** Etwa eine halbe Stunde vor dem Schlafengehen nehmen Sie zwei Triphala-Tabletten mit einem Glas warmem Wasser. Eine Alternative ist ½ Teelöffel Triphala Pulver in einer Tasse frisch abgekochtem Wasser für zehn Minuten; kühlen und trinken. Oder probieren Sie 30 Tropfen Triphala Flüssigextrakt in warmem Wasser vor dem Schlafengehen.

Trikatu. Es enthält die Kräuter Pippali, Ingwer und schwarzen Pfeffer. Diese kraftvolle Kombination wird traditionell verwendet, um das **Verdauungsfeuer anzuzünden und Fett und natürliche Giftstoffe zu verbrennen.**

Avipittikar. Diese Formel ist eine **dynamische Kombination von Kräutern**, die die **Verdauung stärken**, ohne Pitta zu verschlimmern.

Hingvastak. Die vata-beruhigende Kombination von Kräutern unterstützt den gesamten Verdauungsprozess, vom Appetit bis zur Ausscheidung. Darüber hinaus hemmen Vata's kalte, leichte und trockene Qualitäten die Verdauung und können zu Blähungen, Völlegefühl oder Verstopfung führen. Diese Formel entzündet auch das Verdauungsfeuer, regt einen gesunden Appetit an, beruhigt Blähungen, schmiert den Darm, hilft sicherzustellen, dass die Nährstoffe richtig aufgenommen und assimiliert werden und unterstützt eine regelmäßige, gründliche und gesunde Ausscheidung.

Sonnengruß

Der Sonnengruß ist eine Übung, um Körper, Geist und Seele zu aktivieren und zu entspannen. Sie besteht aus 12 Bewegungen (Asanas) in Verbindung mit tiefer Atmung

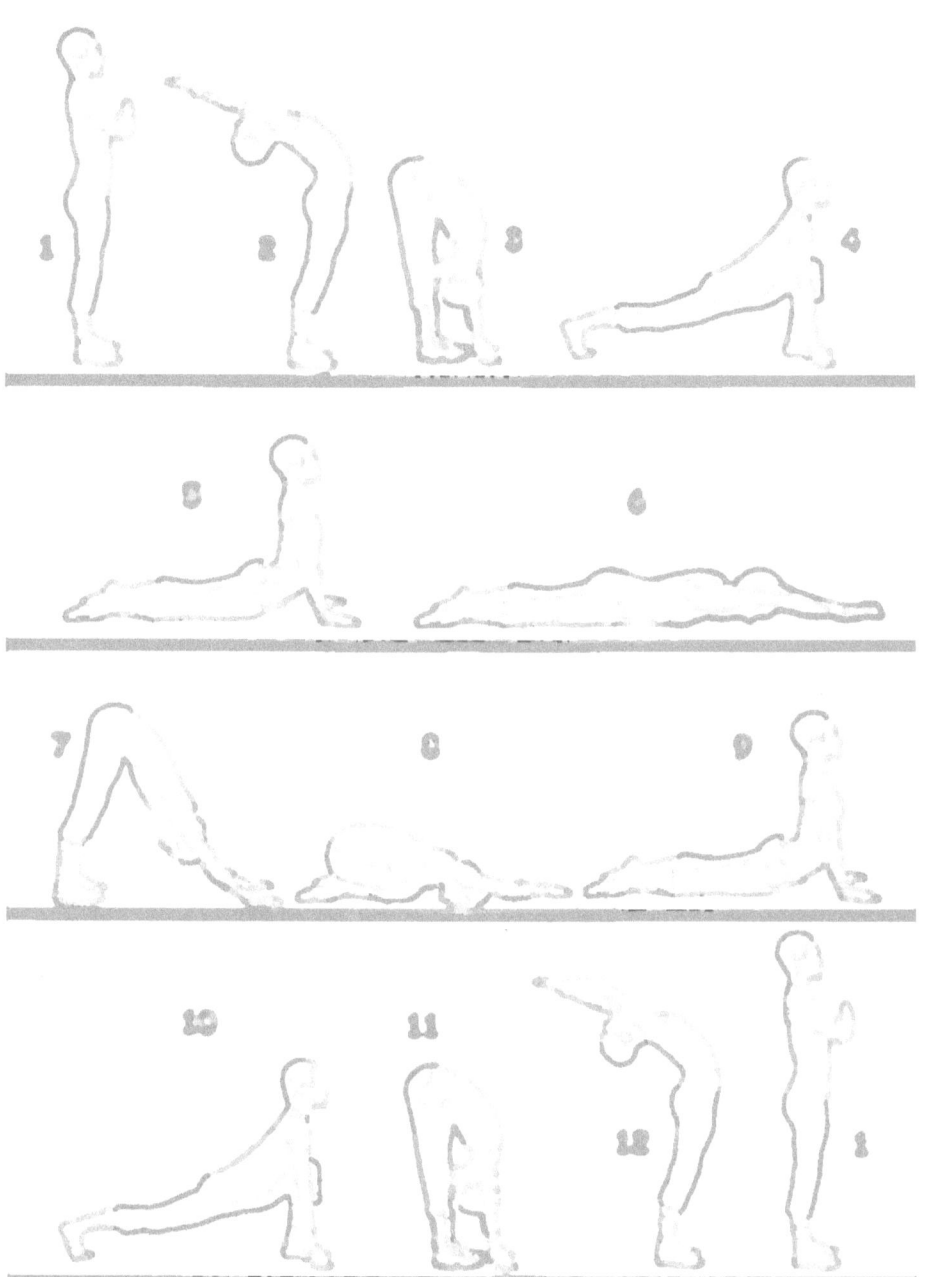

Bildquelle: Graphik bearbeitet Lisa Zehner

Bild: Die 12 Asanas des Sonnengrußes

1. Ausatmen, dabei Hände vor dem Brustkorb zusammengeben.

2. Einatmen, dabei Arme heben, Schulterblätter zusammen geben.

3. Ausatmen, dabei Knie beugen, Oberkörper nach vorne beugen, Hände neben die Füße.

4. Einatmen, dabei rechtes Bein nach hinten geben.

5. Atem anhalten, dabei beide Beine nach hinten geben.

6. Ausatmen, Knie, Brust und Stirn auf den Boden legen.

7- Einatmen, dabei Brustkorb und Kopf heben.

8. Ausatmen, dabei Becken heben, Fersen in den Boden drücken.

9. Einatmen, dabei rechten Fuß nach vorne geben zwischen die Hände.

10. Ausatmen, beide Beine gebeugt nach vorne geben.

11. Einatmen, dabei mit gebeugten Knien und geradem Rücken aufrichten.

12. Ausatmen, Arme senken

Der Sonnengruß hilft hervorragend den Kreislauf anzuregen und neue Lebensenergien zu bekommen. Hilft morgens, sofort aktiv zu werden und abends, blockierte Energien wieder frei zu setzen.

Yoga

Im Yoga geht es um Bewegung. Um den Kreislauf in Schwung zu bringen, Spannungen zu lösen, Blockaden zu durchbrechen, sowohl physisch als auch geistig sollen wir in Bewegung kommen. Zu den klassischen Yogastunden gehören:

- Meditation: Atemmeditation oder einfaches Sitzen in Stille

- Pranayama (Atemübungen): Übungen, um den Energiefluss (Prana) in Gang zu bringen und zu regulieren

- Asana (Üben von Körperhaltungen): Übungen, die die Mobilisierung der Wirbelsäule, Stärkung der Muskulatur und des Bindegewebes sowie Anregung des Stoffwechseln beinhalten, also Vorbeugen, Rückbeugen, Twists, Umkehrhaltungen

- Mantra (Om): Anfang und Ende der Praxis werden in der Regel in Stille oder mit dem Singen des Mantras „Om" durchgeführt.

- Savasana (Tiefenentspannung): Bis zu zehnminütige Tiefenruhe am Ende der Praxis, damit Körper und Geist die Anstrengungen absorbieren können.

Vielleicht ist Yoga die beste Methode, um abzunehmen, weil sie am nachhaltigsten funktioniert. Da Yoga eine Lebensphilosophie ist, geht es nicht darum, Kalorien zu zählen, sondern sich zu fragen, wie ich leben will.

Auch wenn traditionell Yoga gerne mit Askese und Verzicht assoziiert wird, bedeutet Yoga eigentlich eher, im Gleichgewicht mit sich zu leben. Wer regelmäßig übt, wird kein Weight Watcher, sondern Beobachter seiner Gewohnheiten und dadurch von alleine dazu verführt, die schlechten abzulegen.

IMPRESSUM:

© Lisa Apfel 2018

1. Auflage

Alle Rechte vorbehalten. Nachdruck, auch auszugsweise, verboten. Kein Teil dieses Werkes darf ohne schriftliche Genehmigung des Autors in irgendeiner Form reproduziert, vervielfältigt oder verbreitet werden.

Kontakt: Monika Elisabeth Zehner, Engerthstr. 148/3/8 1020 Wien Coverfoto: www.fotolia.com,

Coverdesign: Lisa Biegemann

www.ingramcontent.com/pod-product-compliance
Lightning Source LLC
Chambersburg PA
CBHW031511210526
45463CB00008B/3194